Monique VIAL

Le pouvoir naturel des aimants

Le pouvoir naturel des aimants

SOMMAIRE

Être ou bien-être…
Vivre ou mieux vivre 6

Introduction 7

I   Un peu d'histoire 9

II   Le magnétisme : une force de la nature,
une source d'équilibre 15

III   Les aimants 21

IV   La magnétothérapie
en rééquilibrage énergétique 33

V   L'eau magnétisée 39

VI   Les aimants en acupuncture
et réflexologie 45

VII   Autres usages des aimants 53

VIII   Quelques applications thérapeutiques ... 63

Conclusion : où trouver les aimants 71

Le pouvoir naturel des aimants

Être ou bien-être...
Vivre ou mieux vivre...

Telle est la question et la réponse pourrait bien se trouver dans les pages qui suivent...

Introduction

Source éternelle d'émerveillement, la force invisible des aimants a de tout temps fasciné les hommes.

2 000 ans avant notre ère, de nombreux textes chinois et hindous attribuent déjà à la pierre d'aimant de mystérieux pouvoirs magiques…

Apparaissent alors les premiers bracelets et amulettes magnétiques supposés préserver du vieillissement, renforcer l'énergie et apaiser les maux.

Ainsi naquit la Magnétothérapie !

Depuis, l'étude scientifique des phénomènes magnétiques a sans cesse contribué à son développement et à sa reconnaissance : au Japon, la pratique de la Magnétothérapie est officiellement autorisée en milieu hospitalier par le Ministère de la Santé.

En France, la Naturopathie l'intègre dans ses principes d'une prise en charge globale de l'individu en quête d'un équilibre de son corps et de son esprit.

Loin des recettes miracles ou des technologies sophistiquées nous « condamnant » à la jeunesse à perpétuité, la Magnétothérapie

Le pouvoir naturel des aimants

permet, naturellement et simplement de mieux vivre, jour après jour.

En cela, elle ouvre des perspectives infinies pour nous aider à prolonger notre vie.

Chapitre I

Un peu d'histoire

1. La magnétothérapie : une technique ancienne

La Magnétothérapie fait partie de ces techniques que connaissaient les Égyptiens et les Chinois d'avant notre ère pour soigner et prévenir divers maux. Platon et les plus brillants esprits de l'Antiquité attribuaient aux aimants une âme et déjà quelques médecins commençaient à révéler leur réelle action antispasmodique.

Dès la plus ancienne trace écrite, les propriétés antalgiques des aimants sont évoquées. En Occident, au XIe siècle, Saint Albert le Grand constate leurs vertus salutaires et les recommande entre autres, dans le traitement de l'épilepsie. Mozart, inspiré par son ami Mesmer, fait chanter les bienfaits des aimants dans son opéra « Cosi Fan Tutte ».

L'Orient et Extrême Orient ont intégré depuis des millénaires les aimants dans leur médecine et leur pharmacopée. Par exemple, pour soigner les otites, les Chinois les appliquaient sur l'oreille malade.

2. Les aimants en médecine moderne

Les Russes, lors de la deuxième guerre mondiale, ont très largement utilisé les effets antalgiques des aimants, notamment contre les douleurs bien réelles laissées par le membre fantôme à la suite de son amputation.

En 1958, le japonais Kyoichi Nakagawa, Directeur de l'hôpital Isuzu à Tokyo révèle l'influence du champ magnétique terrestre sur tout organisme vivant, identifiant pour la première fois « le syndrome de déficience magnétique ».

Il préconise alors avec succès l'application d'aimants pour la régression des symptômes.

La NASA, observant des problèmes de densité osseuse (ostéoporose) et d'immunité

I — Un peu d'histoire

chez les premiers astronautes, équipe ses vaisseaux de générateurs de champs magnétiques pour en pallier les carences.

Aujourd'hui, on sait pourquoi les aimants suppriment les douleurs, régénèrent l'organisme et renforcent le système immunitaire. Ainsi, peut-on les utiliser de façon très précise et par conséquent obtenir d'excellents résultats. D'ailleurs, chaque jour donne lieu à la découverte de nouvelles indications.

En traumatologie, par exemple, on a depuis longtemps constaté qu'ils accélèrent la circulation sanguine (du syndrome de Raynaud aux atteintes plus importantes), qu'ils réduisent les œdèmes en cas de fracture et activent la formation d'os nouveau.

Ils s'avèrent également intéressants pour traiter certaines maladies de peau, pour apaiser les crampes nocturnes, pour améliorer la longévité d'un organe et pour rétablir l'équilibre acido-basique (pH)…

Il est aussi facile de constater que ce que nous appelons « fibromyalgie » (insomnie, douleurs musculaires, fatigue chronique), n'existe pas au Japon : cet ensemble de symptômes est appelé là-bas le syndrome de déficience magnétique.

Il est à noter que l'Orient est le berceau de la Magnétothérapie et que les Japonais utilisent les aimants depuis toujours dans leur vie quotidienne.

En Europe, la stimulation magnétique est depuis peu utilisée en psychiatrie pour traiter de nombreux troubles (l'état maniaque, par exemple) et en neurologie dans le traitement de la maladie de Parkinson.

En France, la large diffusion de pastilles magnétiques « haute énergie » met désormais la Magnétothérapie à la portée de tous : kinésithérapeutes, médecins du sport, acupuncteurs, sans oublier le particulier soucieux de retrouver naturellement la voie de l'équilibre et du bien-être.

Les aimants sont aujourd'hui de plus en plus appréciés autant par les patients que par les praticiens car ils soulagent très efficacement et très rapidement des douleurs relevant habituellement de soins au long cours, souvent invasifs, jamais anodins.

En voici quelques exemples parlants :

I — Un peu d'histoire

« Les bienfaits de l'application d'aimants sur les douleurs sont incontestables, qu'elles soient d'origine rhumatismale ou autre. Cela évite la prise de médicaments ».

Jean-Claude Cojean – 61100 Flers

« J'ai essayé les pastilles aimantées et cela me fait beaucoup de bien car j'avais du mal à marcher. Bien sûr, je ne suis pas tout à fait guérie mais je marche beaucoup mieux et je souffre moins ».

Marie-Flore Zaneli – 71360 Champigny

« J'ai essayé sans conviction 2 petits aimants et à ma grande surprise : ça marche ! Je viens donc de commander 4 capsules grand modèle : je les ai posées sur mon genou atteint d'arthrose et je ne souffre plus ».

Madeleine Chatillon – 50110 Tourlaville

« Je voudrais vous faire savoir combien l'utilisation des aimants m'a été bénéfique ! J'avais une douleur aiguë aux genoux : 1/4 d'heure d'application m'a réellement soulagé. Je suis très content d'autant que j'avais une surcharge pondérale importante (147 kg) : j'ai bu de l'eau aimantée et au bout de 5 semaines, j'ai perdu 43 kg. Incroyable, même les médecins n'en revenaient pas… »

Raymond Delatte – 93130 Noisy-le-Sec

Le pouvoir naturel des aimants

Docteur Mc Lean : « Ce traitement par la Magnétothérapie est un don du ciel. C'est bon pour presque tout ! »

Docteur Donnet : « En plus d'être facile, efficace et rentable, la Magnétothérapie offre une garantie complète de sécurité. »

Docteur Bengali : « Les résultats impressionnants obtenus grâce à la Magnétothérapie se confirment en lui donnant une place de grande importance dans le domaine de la thérapeutique. »

Docteur Baron : « C'est une révolution dans la thérapie des blessures musculaires, des douleurs d'articulations et des problèmes de dos. Sur 4 000 patients traités par le biais d'aimants, 80 % d'entre eux ont guéri. »

NB : Ces extraits de lettres de satisfaction et les déclarations des praticiens cités ci-dessus sont certifiés authentiques et à la disposition du public.

Chapitre II

Le magnétisme : une force de la nature, une source d'équilibre

1. Qu'est-ce que le magnétisme ?

Le magnétisme est une force de l'univers qui au même titre que la gravitation, celle qui nous attire vers le sol, s'exerce à distance.

Il y a production d'un champ magnétique dès qu'une charge électrique est en mouvement. Ainsi la circulation d'un courant électrique dans un conducteur produit un champ magnétique. Pour les aimants permanents, c'est la rotation des électrons des atomes qui produit le champ magnétique.

On sait que les êtres vivants, y compris la faune et la flore, sont en interaction avec l'ambiance électromagnétique de leur environnement.

La biosphère baigne notamment dans un champ électrique négatif issu de la terre et dans un champ positif provenant du cosmos et du soleil. Enfin, les diverses cellules qui constituent tout organisme vivant, elles aussi, émettent et reçoivent des radiations électro-magnétiques.

Toute cellule vivante est ainsi régie par son environnement électromagnétique… en bien ou en mal!

2. La Magnétothérapie : une solution universelle

Pour schématiser, à la question : « Qui a besoin du magnétisme ? », la réponse est : « Tout le monde ! » En effet, durant le dernier demi-millénaire (et surtout ces 30 dernières années), cette force terrestre a considérablement diminué, entraînant chez l'homme des « carences magnétiques ».

En effet, si la Terre émettait il y a 6 000 ans en Europe, une force magnétique de 4 Gauss (unité de mesure du champ magnétique), aujourd'hui cette force est tombée à 0,7 Gauss, soit une perte de presque 90 % !

En septembre 1996, la NASA annonçait qu'à ce rythme, l'émission magnétique tomberait à 0 en l'an 2 800, rendant alors toute forme de vie impossible.

II – Le magnétisme

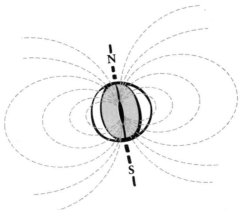

Représentation du champ magnétique terrestre

Or, de nombreuses espèces animales ont depuis longtemps montré une grande sensibilité à ce champ pour se déplacer et se repérer : abeilles, pigeons, saumons, dauphins… et l'homme !

Le sens de l'orientation et surtout le fameux don du « sourcier » ne sont-ils pas la mise en évidence de cette sensibilité particulière ? En effet, le sourcier réagit aux très légères variations du champ magnétique terrestre dues à la nature du sous-sol, cavités, canalisations ou fondations enterrées.

Composante essentielle de toute vie sur terre, non seulement le champ tellurique agit de façon permanente sur l'organisme mais il nous protège aussi des radiations solaires et des orages magnétiques, responsables des magnifiques aurores boréales.

Il est d'ailleurs intéressant de constater que certains endroits du globe ont conservé leur force magnétique initiale, parmi eux, certains sites en Arizona et… Lourdes, où des milliers de personnes viennent chercher la guérison chaque année!

De plus, nous nous sommes coupés de ce magnétisme terrestre en vivant et en travaillant dans des villes et/ou des immeubles, en passant aussi énormément de temps dans des véhicules… bref, coupés de la Terre! Sans parler des nombreuses causes de perturbations: substances radioactives, électriques et informatiques, principales responsables du fameux « syndrome de déficience magnétique ».

Soumis à ces perturbations, notre organisme réagit exactement comme une ampoule de 100 watts qui, ne recevant que 80 % de son voltage, ne produit que 65 % de sa puissance: elle nous paraît bien pâlichonne et, c'est précisément ce qui nous arrive! Ainsi, en nous rendant nos « 100 watts », la Magnétothérapie constitue bien aujourd'hui la réponse naturelle la plus appropriée pour traiter les principaux symptômes de cette carence: insomnies, maux de tête, névralgies, fatigue chronique,

II – Le magnétisme

asthme ou encore douleurs articulaires ou musculaires sont toujours améliorés et dans la plupart des cas complètement guéris !

De nombreuses études scientifiques le confirment et la NASA le prouve : depuis qu'elle reconstitue un champ magnétique artificiel dans ses navettes, les astronautes reviennent de leurs missions dans de bien meilleures conditions.

3. Magnétothérapie et hygiène de vie

Si les déséquilibres énergétiques peuvent provenir de perturbations de l'environnement magnétique, ils sont également induits par nos modes de vie et d'alimentation.

Les carences ou sub-carences de certains minéraux peuvent modifier les conditions électromagnétiques régnant dans la cellule. Un excès de déchets métaboliques ou certaines substances toxiques, les métaux lourds en particulier, sont également susceptibles de modifier la cellule.

Ainsi, il est possible de remédier à ces déséquilibres grâce aux aimants qui vont rendre aux cellules leur magnétisme naturel, même si les conditions qui ont permis l'installation de ces troubles persistent.

Démonstration : en retrouvant des polarités

équilibrées, la membrane cellulaire élimine plus facilement les déchets tout en assimilant mieux les nutriments dont elle a besoin.

Ces mêmes effets bénéfiques sont nombreux:

- Drainage: dès les premiers jours d'utilisation de magnets, les processus de drainage et d'élimination des toxines sont activés.
- Réduction de la fatigue: en effet, l'organisme n'a plus à lutter contre cet excès de toxines et de déchets, la digestion est plus facile.
- Échanges facilités: puisque les divers milieux organiques sont purifiés, amélioration de la synthèse des hormones et des neurotransmetteurs, amélioration de l'acheminement des messages des systèmes nerveux et hormonal vers les organes cibles qui, de ce fait, remplissent mieux leurs rôles.
- Soulagement des rhumatismes articulaires et de la goutte dus à l'excès d'acide urique.
- Soulagement des névrites et polynévrites liées à l'excès d'acide pyruvique.
- Soulagement des migraines et céphalées causées par l'engorgement hépato-biliaire.
- Soulagement des colites produites par l'encombrement intestinal et la présence d'acide oxalique.
- Amélioration du sommeil lorsqu'il est perturbé par un métabolisme ralenti des cellules nerveuses.

Chapitre III

Les aimants

1. Les différents types d'aimants

On distingue 2 familles principales : les aimants temporaires et les aimants permanents.

Brièvement, les aimants temporaires sont des matériaux qui deviennent magnétiques lorsqu'ils sont soumis à un champ extérieur et qui cessent de l'être dès que le champ extérieur disparaît. Par exemple le noyau d'un électro-aimant soumis au champ généré par une bobine électrique.

Les aimants permanents deviennent aussi magnétiques sous l'effet d'un champ extérieur mais et cela est extraordinaire ce magnétisme persiste en l'absence du champ externe.

La magnétothérapie utilise essentiellement les aimants permanents. En effet, les puissances magnétiques élevées atteintes de nos jours, dans un volume réduit rendent leur usage

Le pouvoir naturel des aimants

plus pratique et plus efficace par la continuité possible du traitement.

Les aimants temporaires trouvent leur intérêt dans la production de champs pulsés. Ils mettent cependant en œuvre des matériels encombrants, onéreux dont les résultats ne sont pas toujours probants en matière de Magnétothérapie.

Les aimants permanents sont constitués de minuscules cristaux appelés « domaines » pouvant être considérés eux-mêmes comme de minuscules aimants. Lorsque le matériau n'est pas magnétisé, tous ces domaines génèrent des champs magnétiques anarchiques, dans toutes les directions : vu de l'extérieur le matériau paraît non aimanté. Soumis à un champ externe, les axes d'aimantation des domaines s'alignent parallèlement à ce champ : vu de l'extérieur le matériau présente un seul axe d'aimantation, il est devenu un aimant.

Le champ externe intense nécessaire à l'aimantation est produit au cœur d'une bobine électrique où est placé l'aimant et dans laquelle on décharge successivement des batteries de condensateurs.

22

2. Les aimants : une force naturelle

Pour caractériser la force magnétique d'un matériau on utilise le terme de « rémanence ». Plus cette valeur est élevée, plus, à volume égal, le matériau est puissant.

Les matériaux magnétiques les plus utilisés en thérapie sont les « ferrites » et les « néodyme ». Les aimants en ferrite ont été inventés dans les années cinquante. Ils ont très avantageusement remplacé les aimants en acier qui conservaient mal leur magnétisme. Leur rémanence est de 3600 à 3800 Gauss.

Les ferrites sont en alliage d'oxyde de fer et de sels de strontium ou de baryum. Il est déconseillé de les utiliser directement sur la peau. Ces aimants possèdent un bon rapport coût/énergie. Ils sont préconisés pour les aimants de gros volume utilisés en rééquilibre énergétique ou pour l'aimantation de l'eau.

Les néodyme datent d'une vingtaine d'années. C'est le matériau magnétique le plus puissant connu à ce jour. Leur rémanence est de 12 200 Gauss. Il s'agit d'un alliage néodyme-fer-bore, le néodyme étant une terre rare. Très sensibles à l'oxydation, ils nécessitent un revêtement de type nickel ou mieux zinc. Leur fabrication plus complexe les rend relativement onéreux.

Ils sont préconisés pour être utilisés sous forme de disques ou pastilles directement sur les zones à traiter ou pour stimulation des points d'acupuncture. Là aussi, il est préférable d'utiliser des aimants revêtus d'une pellicule suffisante d'or ou de tout autre matériau anallergésique. Attention à la mention « doré à l'or fin » qui signifie que l'on a appliqué un flash d'or, c'est-à-dire une pellicule d'or juste suffisante pour donner la couleur mais qui n'assure aucune protection contrairement à la mention « plaqué or » qui garantit un revêtement de 3 microns d'or au minimum.

3. Les différents types d'aimantation

La plus simple est l'aimantation bipolaire : chaque face de l'aimant correspond à un pôle : nord ou sud. Mais on peut aussi trouver

III – Les aimants

à la surface d'un aimant plusieurs fois les 2 polarités : ce sont les aimants multipolaires. Ce type d'aimantation n'est pas recommandé en thérapie car les lignes de champ sont trop fermées, c'est-à-dire que la promiscuité immédiate des 2 pôles referme très vite les lignes de champ qui ne pénètrent pas les tissus en profondeur.

Ce type d'aimant est intéressant pour faire de la fixation magnétique, là où un champ important limité à la surface de l'aimant est requis : par exemple la fermeture de portes de réfrigérateur ou de placards, fixation d'outils.

L'aimantation bipolaire, plus souple d'utilisation, permet en utilisant les aimants par paires de « tirer » les lignes de champ du pôle Nord d'un aimant vers le pôle Sud d'un autre aimant distant de quelques centimètres et ainsi de donner à ces lignes de champ une grande ouverture, une action en profondeur dans les tissus et donc une grande efficacité.

Il existe aussi des aimants souples à base de poudre de ferrite mélangée à un élastomère, largement utilisés comme support publicitaire.

Le pouvoir naturel des aimants

Le pourcentage de matière magnétique active étant bien inférieur à celui d'un aimant classique, le champ généré est faible et présente peu d'intérêt en thérapie.

*Les lignes de champ de l'aimant multipolaire
se referment très vite et concentrent
le champ à la surface immédiate de l'aimant.*

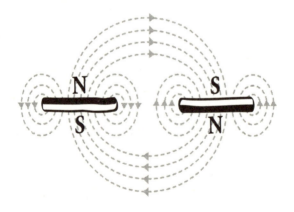

*Deux aimants bipolaires génèrent
des lignes de champ longues et très ouvertes
qui pénètrent les tissus en profondeur.*

4. Comment ça marche?

Très simplement! Lorsque le sang, liquide conducteur, circule à travers le champ magnétique engendré par les aimants au contact de la peau, il se crée des microcourants électriques (principe de la dynamo). Ceux-ci stimulent la circulation du sang, de la lymphe, des influx nerveux, améliorent les échanges chimiques et favorisent ainsi la santé des cellules.

Les protéines débloquées circulent à nouveau, diminuant logiquement les inflammations, allergies, infections virales, etc. Les aimants entraînent par ailleurs des sécrétions d'endorphines par le cerveau. Cette morphine naturellement présente dans le corps humain est un puissant antalgique qui, comme la morphine, stoppe la douleur, sans les effets secondaires d'un médicament.

Attention! Le champ magnétique ne guérit pas: il aide simplement les cellules à créer un environnement optimal dans lequel le corps peut se guérir lui-même.

5. Comment utiliser les aimants ?

C'est facile ! Il suffit de les appliquer localement sur la zone douloureuse. Le choix de l'aimant dépend uniquement de la zone, de la profondeur et de l'intensité du problème. Cependant, la majorité des cas peut être traitée par des aimants ayant un champ de contact compris entre 1 500 et 3 000 Gauss.

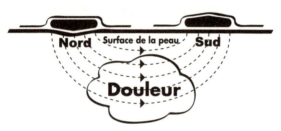

En plaçant 2 pastilles inversées sur la peau, les lignes de champ parcourent la zone à traiter.

Pour toutes les douleurs articulaires, musculaires, rhumatismales et inflammatoires, il est recommandé de commencer par déterminer par simple palpation l'épicentre de la douleur. Il faut alors placer de part et d'autre de ce point douloureux deux aimants en inversant les polarités, c'est-à-dire l'un face nord contre la peau et l'autre appliqué face sud.

III – Les aimants

L'écart maximum est de 5 cm pour des aimants pastilles de 10 mm de diamètre et de 15 cm pour des disques de 25 mm de diamètre. Si la zone à traiter est plus étendue, il suffit d'aligner plusieurs paires d'aimants en parallèle pour la couvrir.

Il est utile de rappeler ici qu'il n'existe pas une énergie magnétique nord ayant des vertus spécifiques et une énergie magnétique sud avec d'autres propriétés, même si la « littérature » traitant de la Magnétothérapie propage cette contrevérité.

En effet, à force d'imager le champ magnétique par des lignes qui sortent du pôle nord en s'évasant pour venir se concentrer sur le pôle sud, on a fini par croire que le nord était « dispersant », donc sédatif et le sud « concentrant », donc stimulant. Du point de vue de la physique élémentaire, rien ne sort du nord et rien ne rentre au sud : le champ magnétique est un rayonnement statique. En chaque point de l'espace autour de l'aimant, le champ magnétique est défini par un vecteur : une direction et un module (son intensité).

Le pouvoir naturel des aimants

Exemples d'utilisation des aimants :

Lombalgie

Douleurs épaule, bras

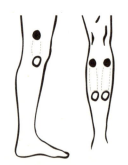

Douleurs du genou, arthrose, tendinite, crampes

Douleur, entorse du poignet, du pouce, arthrite, arthrose des doigts

● *Indique la face nord côté peau*   ○ *Indique la face sud côté peau*

III – Les aimants

6. Quel est le temps d'application ?

Tout dépend de l'ancienneté, de l'intensité et de la profondeur de la douleur mais également de la sensation de chacun, ce temps varie de quelques heures à quelques jours consécutifs. Ainsi peut-on éprouver un soulagement total dans les 15 minutes suivant l'application des aimants alors que certaines personnes ont besoin d'un ou deux jours, voire plus pour ressentir un soulagement complet et la disparition de la douleur.

Dans les cas de douleurs récurrentes, il est conseillé de replacer les aimants dès les prémices de la crise. Une fois le résultat obtenu, il est inutile de les conserver en place.

D'une utilisation illimitée, l'efficacité des aimants est permanente quelles que soient la fréquence et la durée des applications effectuées.

Pour être efficace, les pastilles doivent être laissées en place environ une semaine (jour et nuit).

7. Conseils d'utilisation

Particulièrement adaptés à l'automédication et ne présentant que de rares cas de contre-indications (voir page 2), les aimants ne sont soumis à aucun protocole autre que quelques précautions de « confort » :

- Par exemple, il est impératif de les utiliser à proximité de blessures « fraîches » ou de cicatrices récentes et non directement sur les lésions.

- Pour les peaux sensibles, il est conseillé de placer un petit morceau de gaze entre la peau et l'aimant.

Mais, dans tous les cas, il faut se souvenir qu'il n'y a aucun risque à recourir aux bienfaits de la Magnétothérapie.

Chapitre IV

La Magnétothérapie en rééquilibre énergétique

Parce que nous vivons entre Terre et Ciel, nous subissons tous, consciemment ou non les rythmes et les variations que la Nature nous impose : cycles circadiens et saisonniers, changements climatiques, phases lunaires, réseaux électromagnétiques terrestres, environnement, etc.

Tout est une question d'équilibre et nous ne pouvons nous maintenir en bonne santé physique et psychique sans connaître et respecter les lois universelles de la Nature établies selon les fondements du Yin et du Yang.

Très schématiquement et selon la médecine chinoise, l'homme est bien sûr constitué de chair et d'os dans sa partie physique et matérielle mais aussi d'énergie immatérielle :

le psychique, avec une interaction permanente des deux.

Pourtant, chaque jour, notre mental est soumis à des agressions plus ou moins importantes qui ont toujours, à plus ou moins long terme, des répercussions sur notre physique! Ces agressions, telles que simplement le stress ou les tensions au travail et à la maison, brisent ce fragile équilibre Yin Yang: c'est alors qu'apparaissent et s'installent les problèmes de santé dont on n'arrive plus, avec le temps, à situer l'origine.

En polarisant magnétiquement les extrémités du corps, celles où sont concentrées le plus grand nombre de terminaisons nerveuses, on restaure la circulation énergétique, réduisant ainsi le besoin de puiser dans nos propres réserves.

La méthode

Le rééquilibrage énergétique se pratique en apposant les paumes des mains ou les plantes des pieds sur des aimants. Le rééquilibre énergétique par la paume des mains influence

IV – La Magnétothérapie en rééquilibre énergétique

toute la partie supérieure du corps : tête, cerveau, yeux, oreilles, nez, bouche, thorax, bras, épaules, coudes, poignets, mains, poumons, cœur, foie, vésicule biliaire et reins.

L'application de champs magnétiques sur les plantes des pieds exerce une action bienfaisante sur la partie inférieure du corps : estomac, rate, pancréas, intestins, vessie, organes sexuels internes et externes, bas du dos, cuisses, genoux, jambes, chevilles et pieds.

Pour préserver l'équilibre Yin Yang, il est important de respecter les polarités du corps : le pôle nord toujours sous la main ou le pied droit et le pôle sud toujours sous la main ou le pied gauche.

En fonction de votre sensibilité et de votre réceptivité, vous ressentirez l'énergie s'instiller en vous !

Si vous ne ressentez rien, pas d'affolement : laissez-vous simplement aller, les aimants agissent quoi qu'il en soit. Leur énergie s'écoule en vous et libère vos blocages, sièges de douleurs et de pathologies, que vous en ayez conscience ou non.

20 minutes pour se sentir bien !

D'une manière générale, chaque séance dure environ 20 minutes. Bien entendu, il ne s'agit là que d'une moyenne variant d'une personne à l'autre. Il appartient à chacun de capter « sa petite voix intérieure » et de se tenir à son écoute pour développer sa sensibilité afin d'adapter la durée de ces séances.

C'est le seul moyen pour en optimiser les résultats ! Très vite, vous saurez si vous êtes « du matin » ou « du soir » pour pratiquer vos séances de Magnétothérapie et… si vous vous endormez, sachez que cette réaction parfaitement naturelle ne présente aucun danger. C'est plutôt le signe que le bien-être vous envahit totalement, lui-même étant le signe d'un équilibre Yin Yang retrouvé.

Les personnes spasmophiles en particulier trouveront dans de courtes séances de rééquilibre énergétique un excellent moyen pour détendre leurs muscles et calmer leur anxiété.

Les parents préféreront cette méthode naturelle et non contraignante (elle peut se

IV – La Magnétothérapie en rééquilibre énergétique

pratiquer devant la télévision), pour canaliser un trop-plein d'énergie chez un enfant un peu trop « actif » sans nuire à ses capacités d'éveil et de développement.

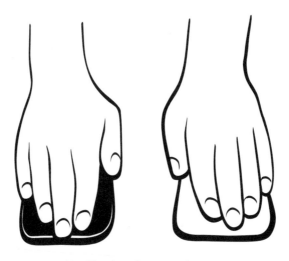

*Rééquilibre énergétique avec les mains :
nord pour la main droite, sud pour la gauche.*

Une chose est sûre : de « 7 à 77 ans » (et plus !), le rééquilibre énergétique apporte une réponse efficace à bien des maux et un bien-être indiscutable à toute personne qui le pratique, même occasionnellement !

Le pouvoir naturel des aimants

Molécule d'eau monomère

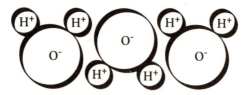

*Molécule d'eau trimère :
sous l'action du champ magnétique,
les molécules d'eau se structurent par trois.*

*Vue en coupe d'une tasse magnétique en inox alimentaire
(2 ou 4 puissants aimants en forme de segment d'arc)
pour magnétiser toutes boissons froides ou chaudes.*

Chapitre V

Une autre application bénéfique : l'eau magnétisée

Autrement appelée « L'eau merveilleuse », l'eau magnétisée possède les propriétés des eaux de source : les mêmes qui, ayant traversé des sous-sols rocheux aux champs magnétiques très intenses, ont donné naissance aux stations thermales les plus réputées !

En effet, l'analyse de l'eau magnétisée démontre une modification de ses molécules qui se structurent comme celles d'une eau parfaitement pure et fraîche.

Plus hydratante, plus « mouillante » car sa tension de surface s'abaisse, elle dissout plus de gaz, notamment l'oxygène, et devient plus favorable aux échanges intercellulaires et à leur renouvellement.

« Elle guérit tout! » déclare le Docteur Bansal de New Delhi et nombreux sont ses confrères qui affirment qu'une personne qui boit régulièrement de l'eau magnétisée renforce sa résistance générale car cette eau possède de réelles facultés de drainer, régulariser et améliorer l'ensemble des fonctions organiques.

D'autre part, les études ont montré que les minéraux de l'eau magnétisée sont plus rapidement solubles et que les réactions chimiques se déroulent plus facilement : la circulation sanguine, notamment, s'en trouve améliorée dans la mesure où la magnétisation de l'eau contrarie la formation des dépôts sur les parois des artères, grâce à sa capacité accrue à dissoudre les éléments qu'elle rencontre.

Ainsi, elle fait disparaître les calculs rénaux, elle abaisse les taux de cholestérol et de diabète, elle combat la constipation et les insuffisances hépatiques et biliaires, elle éclaircit le teint et favorise la perte de poids.

En Chine, des tests hospitaliers ont mis en évidence que l'ingestion d'eau magnétisée renforçait l'efficacité de certains traitements homéopathiques et allopathiques.

Par ailleurs, le très sérieux Hokaïdo Institute of Technology affirme que 6 heures de magnétisation d'une eau chargée de bactéries entraînent une réduction importante de leur nombre.

En usage externe, l'eau magnétisée permet de traiter des inflammations oculaires et certaines affections de la peau comme l'eczéma, le zona, certaines démangeaisons et autres rougeurs.

Enfin, certains chercheurs n'hésitent pas à lui attribuer des vertus anti-vieillissement par son action anti-radicaux libres tant il est évident que la magnétisation stimule les principes actifs des produits de soins cosmétiques.

De même pour les plantes, l'eau d'arrosage magnétisée est un véritable élixir de santé favorisant fertilité et croissance. Vous pouvez faire vous-même le test très facilement.

1. Comment magnétiser l'eau ?

Toute eau peut être magnétisée. Même si celle du robinet est potable, on lui préférera une eau de qualité, faiblement minéralisée ou/et filtrée comme Volvic, Mont Roucous, Cristaline, etc. Il faut simplement vérifier sur l'étiquette l'extrait sec à 180 °C en mg/l, en choisissant le plus faible. Son contenant, en verre, en terre ou plastique n'a aucune importance pour la magnétisation.

Eau minérale magnétisée par un magnet.

Une boisson chaude peut aussi être magnétisée.

Le type d'aimants à utiliser dépend du volume d'eau à magnétiser: pour une ou deux bouteilles, il est conseillé de choisir

2 magnets d'environ 75 x 100 x 20 mm. Il existe aussi des tasses magnétiques qui présentent l'avantage d'être pratiques pour emporter son eau magnétisée en voyage ou au bureau ou encore pour aimanter les boissons chaudes tout en les conservant à bonne température.

On peut en effet aimanter toutes sortes de liquides pour en obtenir les mêmes vertus bienfaisantes : jus de fruits, lait, vin, bière, café, thé, infusions, fruits, huiles, produits de beauté, lotions…

2. Durée de la magnétisation

Elle dépend bien sûr du volume d'eau et de la puissance du champ magnétique.

Par exemple, entre deux magnets, l'aimantation se fait entre 30 minutes et une heure. Avec une tasse magnétique, l'aimantation est plus rapide, environ 15 minutes. L'eau magnétisée conserve ses propriétés 24 h à température ambiante et 48 h si elle est placée au réfrigérateur.

Le pouvoir naturel des aimants

Les propriétés extrêmement diurétiques de l'eau magnétisée lui confèrent les vertus d'une cure de désintoxication et de drainage, idéale en cas de régime amaigrissant ou après un traitement médicamenteux.

Attention : il ne faut pas confondre aimantation de l'eau et effet « anti-tartre » !

Pour une action « anti-tartre » en vue d'assainir la plomberie d'une maison, il faut que l'eau passe le plus vite possible dans une alternance de pôles : elle n'a alors pas le temps de s'aimanter et ce n'est en effet pas du tout le but recherché !

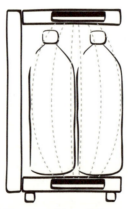

Magnétiseur : 2 blocs magnétiques fixés sur un support bois pour magnétiser des packs de 4 à 6 bouteilles.

Chapitre VI

Aimants en acupuncture et réflexologie

1. L'acupuncture

Apparue en Chine 4 000 ans avant J. – C., l'acupuncture s'est répandue dans le monde occidental depuis une cinquantaine d'années seulement.

Comparativement à la médecine traditionnelle, l'acupuncture considère le corps dans son ensemble, c'est-à-dire que non seulement les symptômes d'une maladie sont étudiés mais aussi tout le reste du corps, notamment par la palpation de certains points stratégiques. Ces points sont reliés entre eux par des canaux appelés « méridiens » et qui acheminent le flux énergétique à l'intérieur du corps. De cette façon, il est possible de déterminer la cause initiale du problème pour le traiter à la source et éviter qu'il ne se reproduise.

Ainsi, il n'est pas rare de constater que plusieurs autres symptômes s'estompent graduellement puisque la source du problème en entraîne souvent d'autres. Prenons le cas d'une personne qui consulte pour des ballonnements abdominaux après les repas : selon la médecine chinoise, cette personne a probablement une insuffisance du Qi (énergie) au niveau de la rate.

En tonifiant ce point, il est très probable que certains symptômes associés comme la fatigue, des nausées, maux de tête ou diarrhées se résorbent en plus du problème initial.

Voilà pourquoi il est très important de cerner le problème et de le traiter à sa source. Pour stimuler la circulation du flux énergétique, l'acupuncture se pratique généralement par l'implantation d'aiguilles. Cependant, chez un enfant ou une personne très sensible, voire phobique des aiguilles, il est aujourd'hui possible de faire appel à la Magnétothérapie. La démarche reste la même

VI – Les aimants en acupuncture et en réflexologie

avec l'avantage appréciable de supprimer la piqûre et son effet de choc!

On utilise alors des aimants-pastilles de 5 mm de diamètre et 2 mm d'épaisseur appliqués à même la peau et maintenus au moyen de disques ou de bandes d'adhésifs. D'une efficacité tout à fait comparable, l'action de chaque aimant peut se révéler supérieure à celle des aiguilles par la continuité du traitement sur plusieurs heures ou même plusieurs jours.

De nombreux ouvrages permettent d'apprendre à repérer chaque méridien et chacun de ses points stratégiques : grâce aux aimants, il est ensuite facile de profiter des bienfaits de l'acupuncture sans l'intervention d'un médecin spécialisé, en pratiquant soi-même et sans aucun risque, la Magnéto-thérapie pour soulager naturellement toutes sortes de douleurs aiguës ou chroniques.

2. La réflexologie

Depuis des millénaires, certains peuples savent tout le bien que procure le massage de la plante des pieds, même pratiqué naturellement par le sable, les cailloux, les galets…

Une découverte scientifique explique ce phénomène de façon tout à fait rationnelle : l'image du corps tout entier est projetée intégralement sous nos pieds mais aussi à l'intérieur des mains. Ainsi ces « miroirs du corps » reflètent un à un chacun de nos organes. Abondamment irriguées en terminaisons nerveuses, on a alors découvert qu'en stimulant ces « zones réflexes », il était possible d'intervenir à distance sur les régions du corps ou organes correspondants. Cette technique permet ainsi une exploration en douceur, sans contact direct avec des organes affaiblis ou fatigués tout en réactivant l'apport énergétique nécessaire au processus de guérison.

Très difficile à pratiquer, l'efficacité de l'auto-massage peut tout à fait être obtenue par l'application de pastilles-aimants de 10 mm de diamètre et 2,5 mm d'épaisseur appliqués sur les points correspondant à la région douloureuse, simplement maintenus en place par des disques ou des bandages adhésifs.

VI – Les aimants en acupuncture et en réflexologie

En quelques jours, la réflexologie par aimants interposés offre une solution efficace et durable face à tout un cortège de maux : douleurs d'estomac, constipation, troubles prémenstruels ou de la ménopause, stress, tensions et angoisses, maux de gorge, sinusite chronique, rétention d'eau et troubles de la thyroïde… et ce ne sont que quelques indications pour lesquelles on obtient d'excellents résultats !

Il n'y a rien d'étonnant ni de mystérieux à cela puisque la stimulation des points réflexes de la plante des pieds et de la paume des mains contribue à la fois à activer la circulation sanguine et le système lymphatique, à faciliter l'élimination des toxines, à relaxer le système nerveux et à rééquilibrer les fonctions endocrines.

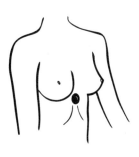

Astuce : une pastille posée sur le plexus cardiaque vous décontracte, déstresse et protège des agressions extérieures.
(pastille 10 mm)

Le pouvoir naturel des aimants

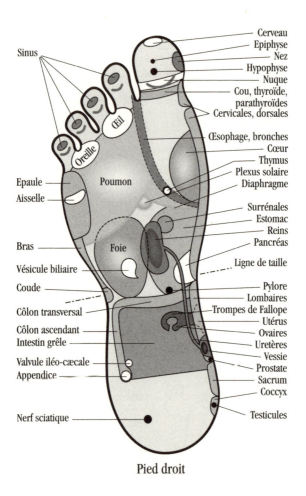

Pied droit

VI – Les aimants en acupuncture et en réflexologie

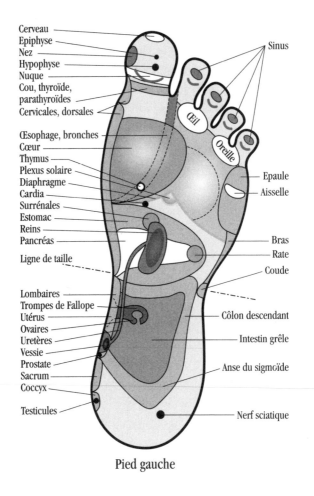

Pied gauche

Le pouvoir naturel des aimants

Soigner c'est bien, mais là aussi, prévenir c'est encore mieux!

L'idéal? Une séance de réflexologie à chaque changement de saison pour rétablir un éventuel déséquilibre énergétique avant même qu'il ne se manifeste par des symptômes.

Chapitre VII

Autres usages des aimants

1. Magnétisme et sommeil

Dormir n'est pas un arrêt d'activité mais une autre façon de vivre qui occupe tout de même un tiers de notre existence. C'est dire le rôle primordial du sommeil pour permettre à l'organisme de se ressourcer et de reconstituer ses forces !

Lorsque l'on dort mal, il n'y a plus cette rénovation des forces de l'individu par régénération des cellules, des tissus, des organes, des fonctions vitales de l'organisme, apportée par cette phase essentielle du sommeil, appelée « sommeil lent profond ».

Une fois écartées les éventuelles raisons de l'insomnie : stress, soucis, maladie, mauvaise hygiène alimentaire, excès d'alcool ou de

Le pouvoir naturel des aimants

tabac… il faut examiner les nombreux autres facteurs qui influent sur la qualité du sommeil et en particulier, l'environnement immédiat de notre lit!

Dans les habitations, le champ magnétique terrestre à l'origine homogène et stable, est déformé par tous les éléments métalliques contenus dans les murs, plafonds, sous-sols et pièces voisines : le ferraillage du béton armé, les fils et les appareils électriques sont autant de sources qui génèrent des champs électro-magnétiques extrêmement perturbateurs.

De même, la surface de la Terre est couverte d'un vaste filet invisible de rayonnement électromagnétique : le réseau Hartmann, dont le quadrillage détermine des zones d'intensité différente :

• la zone neutre comprise entre les limites internes de ce quadrillage (2,30 m x 2,00 m),

• les murs d'une épaisseur de 21 cm, sur toute leur longueur sont des zones de faible intensité, non nuisibles,

• les nœuds, à l'intersection de ces murs, de plus forte intensité tellurique et formant des carrés de 21 cm de côté.

VII – Autres usages des aimants

Ces nœuds du réseau Hartmann sont de véritables points nocifs sur lesquels il est important de ne pas séjourner, en particulier pendant les périodes de repos, l'ensemble de ces déformations du champ magnétique étant tout à fait néfaste pour le sommeil et par conséquent pour le bien-être et la santé.

Depuis quelques années, il existe des « plaques » magnétiques qui, une fois placées sous le matelas du dormeur, protègent de ces perturbations géobiologiques en restaurant un champ magnétique naturel. Elles procurent ainsi un rééquilibre énergétique indispensable à un sommeil de qualité vraiment réparateur.

Enveloppé dans ce « cocon » magnétique homogène, stable et sans aucune déformation, l'organisme « fait le plein » de bonnes énergies !

De plus, et ce n'est pas un hasard si des générations de dormeurs l'ont constaté, ces « plaques » magnétiques réorientent idéalement le corps dans la position instinctive la plus propice à l'endormissement : « la tête au nord » !

En effet, en plus de corriger le champ magnétique terrestre, ces « plaques » aimantées rééquilibrent aussi le corps dans son axe nord/sud et ce, quelle que soit la position du lit. Elles favorisent ainsi le rééquilibre des énergies, procurant le calme et la décontraction indispensables à la détente nerveuse et musculaire, pour le repos total, celui du corps comme celui de l'esprit.

Avec cette nouvelle application testée avec succès en milieu hospitalier, la Magnéto-thérapie s'impose aujourd'hui comme une nouvelle alternative pour traiter naturellement la plupart des troubles du sommeil.

2. Magnétisme et alimentation

Les aliments que nous plaçons au réfrigérateur subissent aussi les effets de la pollution électrique qui réduit leur vitalité.

En effet, un réfrigérateur est semblable à une cage de Faraday. Dès que l'on y entrepose des aliments, ils sont isolés du champ magnétique terrestre et ne reçoivent plus ni énergies cosmiques ni énergies telluriques, perdant ainsi plus de 50 % de leur vitalité en 48 heures !

Les légumes et les fruits, en particulier, sont extrêmement sensibles à cette forme de pollution. Or, grâce à l'eau qu'ils contiennent, il est tout à fait possible de les magnétiser pour les revitaliser.

Il suffit de les placer sur un bloc magnétique pour qu'ils conservent tout leur potentiel énergétique… et leur goût!

3. Magnétisme et habitat

« *La maladie est un problème de lieu de séjour* » (Dr Hartmann)

Le Docteur Hartmann de l'Université allemande d'Heidelberg et un groupe de savants ont depuis longtemps vérifié scientifiquement l'existence des points nocifs bien connus des Chinois qui les appelaient dans leur langage imagé « portes de sorties des démons ».

On les détecte aux intersections des lignes énergétiques, véritables murs invisibles, du réseau Hartmann grâce aux fortes variations du champ magnétique qu'ils génèrent.

Aussi, il est important de s'assurer que notre lit et notre poste de travail sont bien

Le pouvoir naturel des aimants

situés, en zone neutre. En effet, un lit placé sur un de ces points négatifs ne permet pas un sommeil réparateur. De la même façon, si nous travaillons assis sur l'un de ces points géo-pathogènes, nous pouvons ressentir une fatigue incompréhensible et des troubles divers.

Leur nocivité est encore accentuée par la présence de courants d'eau, de nappes phréatiques ou de failles telluriques dans le sous-sol et qui resserrent le quadrillage de ce réseau, servant

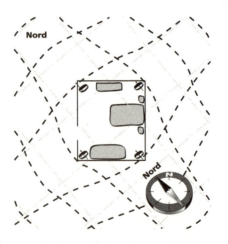

Neutralisation d'une pièce avec 4 blocs disposés aux 4 angles d'une chambre à coucher parallèlement à l'axe nord/sud.

VII – Autres usages des aimants

alors d'ondes porteuses aux énergies négatives du sous-sol.

Dans la nature, l'existence de ces points nocifs est facilement détectable.

En voici quelques exemples :
• Certaines haies poussent bien, mais par endroit sont parfois clairsemées, puis de nouveau elles font apparaître une végétation touffue : si l'on teste l'endroit par radiesthésie, avec un pendule ou une antenne de Lecher, on vérifie bien la présence d'un de ces points Hartmann.
• Les animaux les perçoivent parfaitement : le chien, animal de type solaire, les évite. En revanche, le chat, animal de type lunaire, les recherche car il a la particularité de se recharger sur ces points nocifs pour l'être humain.
• Les chercheurs estiment que pratiquement 70 % des maladies sont liées à notre environnement vibratoire !

Les aimants permettent facilement de neutraliser les effets de ces points nocifs : il suffit de placer un bloc magnétique à chaque angle d'une pièce, parallèlement à l'axe nord/sud terrestre.

4. Magnétisme et neutralisation du calcaire

Tout au long de son cheminement à travers les couches géologiques de la nappe phréatique, l'eau de pluie se charge en sels minéraux indispensables à notre santé. Il en est un pourtant dont nous nous passerions volontiers : le carbonate de calcium, autrement dit le calcaire !

En plus de lui donner un goût « terreux » peu agréable, les dégâts causés par le calcaire sont aussi nombreux qu'insidieux : entartrage des canalisations, des appareils ménagers, de la robinetterie, sans parler des problèmes de peau et de cheveux qu'il dessèche et ternit.

Là encore, les aimants représentent une solution efficace, rapide et simple à mettre en ouvre : en fixant des blocs magnétiques sur le tuyau d'arrivée générale d'eau. Ils produisent alors des microcourants qui modifient la polarisation des particules de calcaire en suspension dans l'eau. Cette cristallisation les transforme en fine boue qui « n'accroche » pas aux parois des tuyaux mais s'évacue naturellement au fil de l'eau.

Les résultats sont immédiats : cette eau purifiée idéale à consommer assure aussi une cuisson saine des légumes, elle prolonge la durée de vie des canalisations et de vos appareils ménagers, permet une économie de détergents, elle respecte les peaux sensibles pendant la toilette et garantit la brillance des cheveux à chaque rinçage !

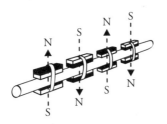

Le calcaire en traversant très rapidement des champs magnétiques alternés cristallise dans l'eau et non aux parois des canalisations : il s'évacue en boue fine.

5. Magnétisme et économies d'énergie

Cette action « dispersante » très efficace pour éviter les dépôts de calcaire l'est également sur les carburants domestiques.

En effet, les molécules inflammables ont la caractéristique de se propulser « en grappes »

Le pouvoir naturel des aimants

dans le carburateur ou l'injecteur de la chaudière.

En passant rapidement dans un champ intense induit par des « mâchoires » aimantées placées sur le conduit d'arrivée, ces « grappes » se polarisent et se dispersent par répulsion.

Elles offrent ainsi une surface de contact plus importante entre le carburant et l'oxygène de l'air, ce qui a pour effet d'augmenter le rendement énergétique et donc de vous faire réaliser de substantielles économies d'énergie tout en réduisant la pollution.

Toutes les mesures de consommation valident ce principe !

Les molécules du carburant se polarisent et se dispersent sous l'action d'un puissant champ. Elles offrent une surface plus importante à l'oxygène pour une inflammabilité et un rendement améliorés.

Chapitre VIII

Quelques applications thérapeutiques

Les applications ci-dessous sont données à titre d'exemples. Il ne faut pas hésiter à tester sur soi la meilleure façon de placer les aimants, le nombre de paires d'aimants ainsi que la durée d'application, celle-ci pouvant varier de quelques heures à plusieurs semaines,

Par «application locale», il faut comprendre appliquer directement les aimants sur la peau, à l'aide d'adhésifs pour les pastilles magnétiques, ou à l'aide des sangles pour les magnets.

Souvenez-vous que si l'application locale soulage rapidement la douleur, la plupart des pathologies se traitent et guérissent grâce à une bonne hydratation : mauvaise circulation, rétention d'eau, œdème, fièvre, arthrose, arthrite, calculs rénaux et biliaires, insuffisance hépatique ou rénale, etc.

Simple, efficace, peu onéreuse, sans aucun effet secondaire, la magnétothérapie est désormais à votre portée pour une santé préservée ou recouvrée.

La magnétothérapie s'avère particulièrement efficace en médecine vétérinaire, alors n'hésitez pas à donner de l'eau aimantée à votre animal de compagnie et à le mettre en contact avec des aimants permanents.

Colliers ou coussins aimantés lui procureront le plus grand bien-être, ils soulagent rhumatismes et arthrose. Les plus jeunes peuvent aussi en bénéficier, les aimants entretiennent la jeunesse des articulations et des organes, chez les animaux comme chez les humains.

VIII – Quelques applications thérapeutiques

Angine

Dès les premiers picotements, placer par séance de 20 minutes minimum pendant quelques jours 1 magnet de chaque côté de la gorge, le pôle nord (rouge) côté peau à droite et le pôle sud (blanc) à gauche. Buvez de l'eau aimantée en abondance.

Arthrite

En traitement de fond, boire au moins 1,5 litre d'eau aimantée par jour afin de drainer les déchets accumulés autour des articulations, ce qui les rendent si douloureuses.

Appliquer des aimants sur l'articulation concernée pour en calmer l'inflammation. Le traitement s'étalera sur plusieurs mois.

La polyarthrite de l'épaule est une des formes les plus fréquentes de la polyarthrite.

Cicatrisation

Par son action sur le sang, les aimants accélèrent la cicatrisation d'une petite coupure, d'une blessure plus profonde ou d'une fracture. Selon la taille de la plaie, placez 1,2,3 ou 4 paires d'aimants que vous laisserez pendant une ou plusieurs semaines.

Sur un plâtre, placez des magnets néodyme, les effets seront aussi rapides que remarquables. Avec des magnets ferrite, il vous faudra un peu plus de patience.

Crise de foie

« Maladie » typiquement française, la crise de foie à proprement parler n'existe pas, c'est tout simplement une façon plus élégante de dire que l'on a trop bu et trop mangé. Le foie est plus solide qu'il n'y paraît, faites abstinence de boissons alcoolisées et de nourriture trop riche pendant quelques jours, buvez de 1,5 à 2 litres d'eau magnétisée par jour et appliquez les magnets sur le système digestif environ 15 minutes, plusieurs fois par jour si nécessaire. Une diète complète ou une mono diète de 3 jours est idéale.

Entorse

Appliquer plusieurs paires d'aimants autour de l'entorse, l'effet sera rapide et spectaculaire. La cheville ou le poignet dégonfle très rapidement et la douleur disparaît. La durée d'application des aimants varie de quelques heures à plusieurs jours. C'est une des applications les plus connues de la magnétothérapie.

Fribromyalgie

Maladie récente, la fybromyalgie se traite par des séances de rééquilibre énergétique, d'au moins 20 minutes, plusieurs fois dans la journée. Leurs effets bénéfiques sont remarquables.

Selon le chercheur japonais Nakagawa la fibromyalgie serait la conséquence de la déficience du champ magnétique terrestre, les séances de rééquilibre permettent alors de compenser ce syndrome et d'en effacer les symptômes.

Glaucomes

Cette maladie de l'œil qui touche particulièrement les plus de 45 ans se soigne par l'application locale de pastilles aimantées pendant la nuit et par une grande consommation d'eau magnétisée.

Œdème

La mauvaise circulation des liquides, sang et lymphe, sont responsables des œdèmes. Il faut donc stimuler l'évacuation des liquides en buvant beaucoup d'eau aimantée (au moins 1,5 litre d'eau de source) et appliquer localement des aimants afin de résorber l'œdème.

Règles douloureuses

Appliquer localement les magnets sur le ventre, la face nord (rouge) à droite, la face sud (blanche) à gauche et boire beaucoup d'eau aimantée, au moins 1,5 litre par jour afin de fluidifier le sang.

Plus vous pratiquerez régulièrement ce traitement moins les douleurs seront fortes et la gêne importante.

Spasmophilie

Il est tout à fait possible de traiter la spasmophilie par les aimants. La faiblesse et les perturbations du champ magnétique terrestre sont une des causes de la spasmophilie ainsi que le manque de magnésium.

Pratiquez de nombreuses séances de rééquilibre énergétique et dormez dans un champ magnétique sain et équilibré.

Dans les cas de spasmophilie importante, il est recommandé de faire plusieurs séances de rééquilibre énergétique par jour d'environ 5 minutes. Progressivement la durée des séances de rééquilibre s'allongera pour arriver aux 20 minutes préconisées.

Attention aux barrières mentales, elles sont souvent très fortes et freinent les bienfaits du traitement.

Stress et anxiété

Des séances quotidiennes de rééquilibre énergétique mains et pieds de 20 à 30 min. voire plus, vous aideront à surmonter stress et anxiété. La régularité des séances est beaucoup plus importante que leur durée. Placée sur le plexus cardiaque (à la pointe du sternum) 1 pastille magnétique devient un excellent anti-stress naturel, laissez-la en place aussi longtemps que nécessaire.

Pensez-y en cas d'examen ou de tension prévisible, pensez-y aussi à titre curatif!

Vieillissement

20 minutes chaque jour de rééquilibre énergétique mains et pieds revitalisent l'organisme et permettent de lutter efficacement contre les dégâts cellulaires dûs aux radicaux libres impliqués dans de nombreuses pathologies liées à l'âge, en particulier l'arthérosclérose,

l'arthrite, l'atrophie musculaire, la cataracte, certaines affections dégénératives pulmonaires et neurologiques.

Zona

Très difficile à éradiquer, le zona peut cependant se traiter efficacement en magnéto-thérapie.

Appliquer des compresses d'eau magnétisée sur le zona 2 à 3 fois par jour et appliquer les magnets par séance de 20 minutes.

Lorsque cela est possible, placez directement des aimants sur la zone à traiter afin de calmer la douleur.

Conclusion

Les théories du magnétisme et son expérimentation ont été très longtemps diabolisées, tant il est vrai que ses pouvoirs non encore expliqués pouvaient passer pour de la sorcellerie.

Il aura fallu attendre la découverte des ondes électromagnétiques pour trouver une explication scientifique rationnelle à un phénomène connu par toutes les sociétés traditionnelles : la réalité du magnétisme, son influence énergétique, son action subtile mais bien réelle.

Ainsi, les progrès décisifs réalisés récemment en biophysique ont enfin permis aux institutions médicales de prendre conscience de l'importance du rôle des champs magnétiques et de leur interaction permanente avec tout organisme vivant. Cette évidence s'affirme aujourd'hui comme un constat : la santé du corps passe aussi par la maîtrise des énergies naturelles de notre environnement.

Ce grand tournant vers la médecine énergétique ouvre ainsi des perspectives infinies à la Magnétothérapie qui, bien qu'elle n'en soit encore qu'à ses balbutiements, s'inscrit d'ores et déjà comme thérapie du XXIe siècle !

NOTES

NOTES

NOTES

NOTES

NOTES

NOTES

NOTES

Achevé d'imprimé par Maury Imprimeur
à Malesherbes 45330
Dépôt légal : Février 2010
Imprimé en France